Basil and Bixie
Beaches and Blizzards
en español

Mary Wingfield, Ed.D.
Victoria Fields, Ph.D.
Translated by: Maria Y. Bowden

About the Authors

Mary Wingfield, Ed.D. is a retired professor who worked with teachers at the University of Houston. Her own teaching experience as a chemistry and physical science teacher was helpful in encouraging future teachers. Her experience as a mother of four and now grandmother of seven helps her to combine the natural curiosity of children with the observations and explanations in science. Using the guidelines of the Texas Essential Knowledge and Skills for early elementary grades, she has incorporated the science process skills and suitable content into the adventures and situations of the main characters (Basil and Bixie) as well as the vocabulary and definitions for key terms to be helpful for teachers and parents.

Victoria Fields, Ph.D. is one of Mary Wingfield's daughters. Victoria is a School Psychologist working within Special Education. She stives to ensure all students feel included and successful at school. Victoria is also a graduate school adjunct professor teaching others the skills to identify students with disabilities and provide emotional and educational support.

Maria Y. Bowden began her career in education as a teacher for three years in Mexico and continued teaching elementary students for an additional twenty-one years in the United States. While Maria is now retired, she has never stopped teaching and learning. Maria enjoys spending time with her two sons and taking cruise trips with her husband.

Copyright © 2023 by Field of Mind, LLC

All rights reserved.

No part of this publication may be reproduced, distributed, or transmitted in any form or by any means, including photocopying, recording, or other electronic or mechanical methods, without the prior written permission of the publisher, except as permitted by U.S. copyright law. For permission requests, contact:
Field of Mind, LLC at fieldofmindllc@gmail.com

Book Cover & Illustration by Dreamink Studio

ISBN : 979-8-9885863-1-9
1st edition 2023

Follow Basil and Bixie on Instagram for news and updates on adventures!

@BASILANDBIXIE

1

En el otoño,
Basil y Bixie brincan en las hojas
que caen de los árboles.

En el invierno cuando es muy frío, Basil y Bixie ven una tormenta de nieve desde adentro de la casa, donde están abrigados y cómodos.

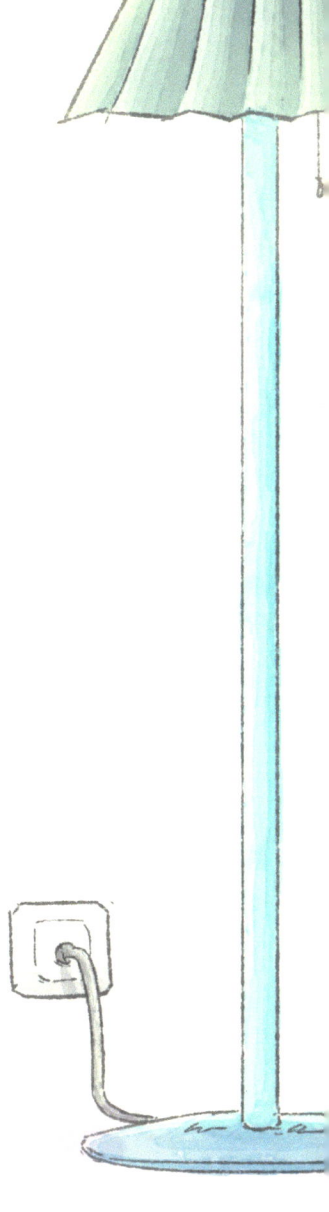

Basil y Bixie se ponen abrigos y gorras calientitas para salir a hacer un mono de nieve.

Cuando llega la primavera,
Basil y Bixie empiezan a plantar su jardín y
ven brotar las hojitas nuevas en los árboles.

¡¡Las lluvias de abril traen flores de mayo ... y charcos!!

Por la noche, Basil y Bixie se acurrucan en la cama y sueñan con las aventuras que tendrán mañana.

El Sol

La tierra gira sobre su eje, cada veinticuatro horas, y por eso hay día y noche.

Cuando es de día en América del Norte y del Sur, es de noche en Europa y África.

La Tierra

A medida que la tierra **gira o rota** sobre su eje, también gira alrededor del sol en una **órbita elíptica**.

Una vuelta completa alrededor del sol toma 365 días.

La interacción **gravitatoria** entre la tierra y la luna causa las **mareas** en el océano.

La Tierra

La Luna

Las estaciones del año
primavera, verano,
otoño e invierno
Se forman por la inclinación
de la tierra sobre su eje
y su movimiento
alrededor del sol.

Los hemisferios norte
y sur reciben más o menos
luz solar directa dependiendo
de las épocas del año.

Palabras Aprendidas

1. **Rotación** – un objeto dando vueltas en su propio eje.

2. **Eje** – una línea recta alrededor de la cual gira una figura geométrica.

3. **Girar** o rotar – movimiento en círculo alrededor de otro objeto.

4. **Elíptico** – un círculo u óvalo aplanado.

5. **Órbita** – un camino repetitivo que un objeto en el espacio toma alrededor de otro.

6. **Gravitacional** – tipo de fuerza por la cual un planeta mueve objetos hacia su centro.

7. **Marea** – subida y bajada del nivel del agua en los océanos.

8. **Revolucíon** – el tiempo que toma para completar alrededor de su órbita.

9. **Estaciones** – épocas del año caracterizada por un tipo particular de clima.

www.ingramcontent.com/pod-product-compliance
Lightning Source LLC
LaVergne TN
LVHW072105070426
835508LV00003B/278